AF252550

CONFÉRENCES EUROPÉENNES,

POUR POPULARISER

L'ACTUELLE RÉFORME ABSOLUE

DU SAVOIR HUMAIN.

Par Hoëné **WRONSKI**.

METZ,

TYPOGRAPHIE DE Ch. DIEU ET V. MALINE,

PLACE CHAPPÉ, N° 1 bis.

Septembre. — 1851.

AVIS.

—

La publication des livraisons successives de cet ouvrage, formant une feuille gr. in-8°, comme l'Introduction présente, se fera aussi rapidement que possible, à des intervalles proportionnés à la durée de la typographie, mais cette publication n'aura aucune relation avec les évènements publics; ni par conséquent aucun caractère de périodicité. — Les livraisons consécutives seront déposées dans les librairies suivantes :

A Paris, chez M. Chaix, dépôt général et bureau de réclamation, rue Bergère, n°. 20; et chez M. A. Franck, librairie française et étrangère, rue de Richelieu, n°. 67.

A Londres, chez M. Delizy, Regent-street, n°. 13.

A Dublin, chez M. Lesage, Lower Sackville-street, n°. 40.

A Amsterdam, chez MM. De Erven, van Munster et Zoon, Warmoesgracht, n°. 7.

A Leipzig, chez M. Brockaus.

A Stuttgard, chez M. Cotta.

A Francfort, chez M. J. Chr. Hermann, au Zeil, n°. 15 nouveau.

A Varsovie, chez M. G. Sonnewald.

A Saint-Pétersbourg, chez les principaux libraires.

CONFÉRENCES EUROPÉENNES.

Cum autem venerit ille Spiritus Veritatis,
Docebit vos omnem veritatem.

Introduction.

Aucun homme éclairé ne peut plus méconnaître la confusion et par conséquent le désordre universel qui règnent actuellement dans toutes les idées de l'humanité. En politique, en religion, en économie sociale, en philosophie et même en sciences, il n'existe aujourd'hui aucune vérité fondamentale qui puisse servir de base à l'établissement définitif du savoir humain. Et par là même, il n'existe, dans la vie pratique de l'homme, aucune règle péremptoire qui puisse le conduire à ses fins absolues, conformes à sa dignité d'être raisonnable.

Par exemple, en politique, il existe aujourd'hui en France quatre prétendus partis distincts, nommément, les légitimistes, les orléanistes, les bonapartistes, et les républicains. Et chacun de ces partis se subdivise en plusieurs fractions, savoir, les légitimistes en cinq fractions, les orléanistes en quatre, les bonapartistes également en quatre, et les républicains en huit ou neuf fractions. — Eh bien, dans toutes ces fractions très-distinctes, où l'on ne se doute même pas de la vérité politique, on persiste, dans les respectives opinions erronées, avec assurance ou plutôt avec un acharnement tel qu'il exclut jusqu'à la possibilité de la découverte de la vérité.

Il en est de même en religion. — Dans tous les pays civilisés, il existe actuellement d'innombrables sectes ou confessions religieuses, sans y compter les hommes, voire même les institutions, qui dénient la nécessité de la religion. — Eh bien, dans toutes ces sectes ou confessions religieuses, même dans les plus nombreuses et les plus avouées, où l'on ne se doute pas non plus de la vérité religieuse, c'est-à-dire, de la vraie voie du salut, on persiste également, dans les respectives croyances insuffisantes, avec assurance et même avec un zèle officiel qui empêche formellement toute recherche de la vérité religieuse. — Il est vrai que toutes ces sectes ou confessions ont pour base l'Écriture-Sainte, mais toutes y méconnaissent, soit par ignorance, soit peut-être à dessein, le problème de la voie du salut, qui est le véritable et l'unique objet de la religion.

D'où vient donc cette absence ou plutôt cette confusion universelle des idées dans le savoir actuel des hommes? — Elle provient manifestement de ce que la VÉRITÉ n'existe pas encore sur la terre! — Mais ce que cette confusion universelle des idées, telle que partout elle se manifeste aujourd'hui violemment, décèle de plus périlleux, c'est que, pour les peuples civilisés, il n'est plus possible de reconnaître la vérité. En effet, ceux parmi eux qui avouent et professent le droit divin, ont fini, à force de civilisation, par paralyser la raison dans leur sentiment, dans cette première manifestation terrestre ou animale de l'être raisonnable, et ceux parmi eux qui avouent et professent le droit humain, ont fini, également à force de civilisation, par confondre la raison dans leur cognition, dans cette finale fonction terrestre ou animale de l'être raisonnable; de sorte que toutes les conditions hyperphysiques de l'homme, consistant dans la virtualité créatrice de sa raison, sont éteintes ou empêchées parmi les peuples civilisés et rendent ainsi impossible, pour eux, la découverte et même la reconnaissance de la vérité; découverte et reconnaissance qui ne peuvent être opérées que par la virtualité créatrice de la raison, lorsque cette suprême faculté de l'homme se trouve dégagée de ses entraves physiques, du sentiment et de la cognition.

Cette assertion, quelque paradoxale qu'elle soit en apparence, est confirmée par l'expérience. — Malheureusement, par le principe même de l'impossibilité que nous venons de signaler, il sera difficile de faire constater cette expérience. Quoi qu'il en soit, voici le fait.

Frappés, comme tout le monde, par la susdite confusion universelle des idées, et comprenant que les connaissances actuelles des hommes étaient insuffisantes, non-seulement pour arriver progressivement à la découverte de la vérité, mais même pour établir quelque ordre dans le présent chaos intellectuel, nous avons reconnu la nécessité de connaissances supérieures, et par là même la nécessité d'un développement ultérieur de nos facultés intellectuelles, pour pouvoir acquérir ces connaissances supérieures. Heureusement, l'Écriture-Sainte, en signalant ce nouvel ordre intellectuel, promettait formellement sa réalisation par la venue du Paraclet, de cet Esprit de Vérité qui doit tout nous apprendre (*omnem veritatem*). Et nous comprîmes alors facilement que cet Esprit de Vérité ne pouvait être rien autre que la RAISON ABSOLUE de l'homme; lorsque, par son développement progressif, elle parvient à se dégager de ses susdites entraves physiques, du sentiment et de la cognition ; de sorte que la venue promise du Paraclet ne pouvait, à son tour, être rien autre que ce développement accompli de la raison de l'homme, par les continus progrès intellectuels de l'humanité.

Pensant alors que, pour la solution de notre critique époque actuelle, cette venue du Paraclet, ce développement accompli de la raison, qui doit la constituer RAISON ABSOLUE, était nécessaire et par conséquent probable aujourd'hui, nous cherchâmes à découvrir les conditions qui caractérisent et qui, par là même, réalisent dans l'homme cette faculté suprême, sa raison absolue. Et nous parvînmes heureusement à reconnaître que ces hautes conditions consistaient dans les deux lois primordiales de Dieu, nommément, dans la LOI DE CRÉATION, qui préside à l'action et au développement de la *liberté*, et dans la LOI DE DESTINATION, formant la véritable loi du progrès, qui préside à l'action ou au développement de la *nécessité*. Nous parvînmes même à découvrir la constitution intime de ces deux lois fondamentales du monde.

Munis de ces tout-puissants et infaillibles organes de la raison absolue, nous pûmes remonter jusqu'au principe premier de l'univers, à l'essence intime de la divinité. Et partant de ce principe suprême, nous pûmes en déduire la création entière, c'est-à-dire, toutes les réalités existantes, physiques et morales, jusqu'à leur glorieux terme, à l'être raisonnable, à l'homme, ce nouveau créateur, et jusqu'à son inconcevable immortalité.

Il en est résulté une doctrine nouvelle, qui, dans sa partie spéculative, en découvrant le principe inconditionnel du monde, c'est-à-dire, l'origine indicible de la réalité, constitue enfin la PHILOSOPHIE ABSOLUE, et qui, dans sa partie pratique, en découvrant les fins augustes de la création, c'est-à-dire, le but suprême de l'être raisonnable, sa création propre, opérant son immortalité, conformément aux promesses du Messie, constitue le MESSIANISME (*).

Eh bien, cette doctrine nouvelle, qui a ainsi fondé péremptoirement la vérité sur la terre, a été produite au milieu des peuples civilisés, dans leur soi-disant capitale. Et elle y est restée répandue pendant un demi-siècle, sans qu'aucun écho s'y fît entendre. — C'est là l'expérience que nous venons d'an-

---

(*) Afin de prévenir une fâcheuse confusion des mots, nous devons faire savoir que, pour discréditer ou plutôt profaner le mot de *Messianisme*, qui se trouve ainsi attaché à la doctrine dont il s'agit, on a, postérieurement à sa production publique à Paris, institué, au Collège de France, une chaire de littérature slave en faveur d'un homme qui, faisant allusion à notre fondation slave de ce mot de messianisme, professait, sous ce nom sacré, une doctrine, non-seulement dépourvue de toute science, mais de plus tellement irréligieuse et révolutionnaire que la Chambre des Pairs fut forcée de défendre cet enseignement.

noncer et qui constate, d'une manière positive, que, chez les peuples civilisés, du moins dans l'Occident de l'Europe, la vérité, loin de pouvoir y être découverte, ne peut même plus y être reconnue, lorsqu'elle est produite réellement. Et ce qui rend irréfragable cette expérience décisive, c'est que la doctrine qui a ainsi apporté la vérité aux hommes, s'est elle-même imposé, pour la garantie de son infaillibilité, la tâche de constituer définitivement, par l'application de ses principes absolus, la législation des sciences, c'est-à-dire, leurs principes premiers et les vraies méthodes qui en résultent pour la solution de leurs problèmes. Bien plus, cette doctrine nouvelle, le messianisme, a elle-même accompli cette tâche difficile, en opérant ainsi, par l'application de ses principes absolus, la réforme de la plus grande des sciences, la réforme des sciences mathématiques, et en donnant, par l'emploi des méthodes qu'elle leur a assignées, la solution de leurs plus grands problèmes, surtout la solution accomplie des trois grands problèmes du monde physique, savoir, la construction de la matière par ses forces créatrices, la construction des globes célestes par la matière, et la construction de l'univers par les globes célestes.

Sans doute, si ces résultats scientifiques parviennent à la postérité, ce qui même est encore incertain aujourd'hui, car la plupart de ces ouvrages scientifiques ont déjà été détruits en France, la postérité pourra, mieux que nos contemporains, apprécier la valeur de l'expérience dont il s'agit, de l'expérience qu'offre la production actuelle de la doctrine du messianisme, en montrant que les peuples civilisés, par suite de l'abrutissement intellectuel auquel les a amenés l'abus de la civilisation, ne peuvent plus concevoir ni par conséquent reconnaître la vérité, surtout la vérité absolue.

Cette expérience, bien remarquable, et peu attendue peut-être, fut néanmoins prévue, du moins dans sa possibilité, par la doctrine du messianisme. Et cette prévision nous servit à ne pas trop compromettre la vérité, dans la production publique de cette doctrine, en la tenant à la hauteur que ne pouvait atteindre la populace littéraire :

Ignavum ..... pecus a præsepibus arcent.

Ce ne fut que lorsque cette expérience décisive constata formellement l'impuissance en question de concevoir la vérité, que nous déclarâmes publiquement qu'il était TROP TARD pour produire la vérité chez les peuples civilisés, surtout dans l'Occident de l'Europe. Et la conséquence de cette fatale expérience, et par là même de sa déclaration publique, fut manifestement la reconnaissance et la déclaration correspondante de l'imminente ruine morale de l'Occident ou généralement du monde civilisé, s'il demeure, comme cela est possible, dans sa funeste tendance présente, résultant, par abus, de l'émancipation de la raison, dans la critique période historique à laquelle l'humanité est parvenue actuellement.

Et cette possible et inévitable ruine morale de l'humanité dans l'Occident, dans l'ancien monde civilisé, exigeait, pour satisfaire à la rationalité de la création, une prévision providentielle, propre à opérer, dans ce funeste cas possible, le salut de l'humanité. Il était alors facile de reconnaître, avec de simples connaissances ethnographiques, que ce providentiel salut de l'humanité ne pouvait s'établir que dans l'Orient, par les nombreuses nations slaves qui, jusqu'à ce jour, sont demeurées sans aucune destinée publique ou universelle, en attendant provisoirement leur tour d'entrer dans l'action morale du monde. Et il était également facile de reconnaître, avec les nouvelles connaissances messianiques sur la constitution morale du monde, que les nations slaves ne pouvaient ainsi opérer le salut de l'humanité, autrement que par leur fédération purement morale, en quelque sorte religieuse et nullement politique, en instituant, sous la puissante protection de la Russie, une UNION-ABSOLUE, formant la troisième et dernière association morale, qui, suivant les hautes vérités messianiques, doit diriger l'humanité vers ses fins absolues sur la terre, et qui doit ainsi compléter les deux précédentes et insuffisantes associations morales des hommes, l'ÉTAT et l'ÉGLISE.

Malheureusement, ces grands résultats de la doctrine du messianisme ne furent pas plus compris dans l'Orient, parmi les nations slaves, surtout en Russie, qu'ils ne l'ont été dans l'Occident, parmi les nations civilisées, surtout en France, où ils ont été produits. En effet, malgré de nombreux ouvrages messianiques, qui ont été demandés et envoyés à Saint-Pétersbourg, aucun signe public de l'intelligence de ces ouvrages n'a été donné par la Russie. Car, nous ne pouvons considérer comme étant de pareils signes publics, formant un aveu des vérités messianiques, les plagiats de ces vérités que l'on a produits dans de récents manifestes diplomatiques de la Russie, d'après ce que nous apprend M. Ostrowski dans sa *Revue de Posen* (Przegląd poznański, 7e. année, page 275).

Mais ce manque d'intelligence pour les vérités messianiques en Russie, et généralement parmi les nations slaves, ne provient pas ici de la susdite impuissance de concevoir la vérité, qui, par l'abus de la civilisation, est devenue la funeste qualité actuelle des peuples civilisés. Ce manque d'intelligence messianique chez les nations slaves, surtout en Russie, provient de ce que ces nations ne sont pas encore préparées à la conception de si hautes vérités, par une préalable et nécessaire culture philosophique. Aussi, pour distinguer cette opposition dans la possibilité de concevoir les vérités messianiques, signalons-nous cette impossibilité, d'abord, dans l'Occident, pour

les nations civilisées, par les mots: IL EST TROP TARD, et ensuite.
dans l'Orient, pour les nations slaves, par les mots : IL EST TROP TÔT.

Convaincus de cette double impossibilité d'établir actuellement les vérités
messianiques dans le monde, nous renonçâmes au développement ultérieur,
tardif pour les uns et prématuré pour les autres, de cette doctrine absolue,
en nous contentant d'avoir posé ses principes fondamentaux, et d'avoir
déduit, de ces principes, toutes leurs conséquences majeures, qui suffiront
pour la réalisation complète de cette grande doctrine, lorsque le temps
favorable et propre à son établissement public sera arrivé. Nous savons en
effet, avec certitude, que les résultats qui sont obtenus par cette doctrine
et qui sont consignés dans nos ouvrages, se réaliseront infailliblement,
dans un temps, plus ou moins éloigné, suivant les progrès intellectuels,
plus ou moins rapides, des peuples slaves, surtout de la Russie. La seule
crainte qui nous restait, était que ces ouvrages ne fussent détruits ou du
moins oubliés. Et pour prévenir cette perte, nous cherchâmes à faire rap-
peler leur valeur, autant que possible, par les résultats scientifiques qui y
sont obtenus, et dont plusieurs donnent des applications industrielles d'une
importance majeure.

A cette fin, nous prîmes la liberté d'adresser publiquement à l'Empereur
de Russie, une Épître dans laquelle nous offrons à Sa Majesté les principales de ces applications industrielles. Et nous attendons maintenant, avec
confiance, l'acceptation favorable de ces offres, lorsqu'il se trouvera en
Russie, comme nous ne pouvons pas en douter, des hommes assez éclairés
pour faire parvenir cette Épître publique au pied du trône, et pour la
mettre ainsi sous les yeux de Sa Majesté.

Quant aux ouvrages eux-mêmes, dont plusieurs, presque tous les ouvrages
mathématiques, ont été détruits en France, comme nous l'avons déjà dit,
l'auteur, pour ne pas périr de misère à Paris, dans cette capitale du monde
civilisé, où, durant cinquante années, en enrichissant ainsi la France, il
avait produit tous ces nombreux travaux, scientifiques et philosophiques,
était disposé ou plutôt forcé, pour sauver sa famille, de vendre ses ouvrages
au poids du papier, lorsqu'un homme remarquable, le seul peut-être qui,
jusqu'à ce jour, ait entrevu la valeur du messianisme, vint offrir à l'auteur,
par un pur zèle pour la vérité, les moyens de quitter la France et d'em-
porter avec lui ses ouvrages. Et aujourd'hui, pour sauver définitivement ces
ouvrages retirés ainsi de la France par une espèce de miracle, ouvrages qui
peut-être, si nous osions le dire, feront un jour, tout à la fois, la gloire
et le salut des nations slaves, l'auteur en offre l'acquisition à ses compatriotes, aux Polonais, et généralement à tous les Slaves, par voie de sous-
cription volontaire ; de manière que les exemplaires en seront répartis et

déposés dans les établissements publics des différentes nations slaves, suivant la proportion où elles y auront souscrit respectivement.

D'ailleurs, si l'on considère le dévouement de la vie entière de l'auteur à la découverte des vérités qui constituent cette doctrine absolue, et les sacrifices qu'il a dû faire pour la production et la publication des ouvrages où ces vérités sont déposées, il doit espérer que ses compatriotes slaves, qui, jusqu'à ce jour, ne lui ont accordé aucun appui quelconque pour l'accomplissement de cette œuvre salutaire, ne voudront pas, pour l'honneur du nom slave, en faisant même abstraction des hautes vérités nouvelles que contiennent ces ouvrages, les laisser périr, aux yeux de l'Europe éclairée, comme ils sont actuellement exposés à périr effectivement.

<hr>

Au moment où nous terminons cet appel aux nations slaves, en renonçant ainsi à nos relations avec l'Occident, avec les nations civilisées, on nous demande, de part et d'autres, de l'Orient et de l'Occident, de continuer la production de la doctrine du messianisme, en la transformant, aujourd'hui qu'elle est achevée, en une doctrine populaire, pour la rendre intelligible à l'universalité des lecteurs. — D'ailleurs, trois raisons majeures, quoique purement hypothétiques, paraissent concourir à nous déterminer pour satisfaire à cette honorable demande. — Ces raisons sont :

D'abord, la funeste tendance que suivent les peuples civilisés, surtout dans l'Occident de l'Europe, n'est pas un résultat nécessaire de notre critique période historique. Elle est l'opposé ou le complément d'une tendance salutaire qui résulte également de cette critique période. Il se pourrait donc qu'après de longues et sanglantes catastrophes, peut-être aussi par l'apparition et l'influence de quelques hommes supérieurs, les peuples civilisés ressentissent le besoin de suivre cette tendance salutaire, qui est le véritable progrès de l'humanité, par lequel seul elle peut arriver à ses fins augustes sur la terre. — Il importerait donc, dans cette hypothèse, de signaler aux peuples civilisés ces deux voies, la funeste, qu'ils suivent aujourd'hui et qui conduit à la perdition de l'humanité, et la salutaire, que nous venons d'indiquer et à laquelle, lorsqu'ils seront mieux éclairés, si cela est possible, ils reviendront peut-être un jour. — Et pour cela, une exposition populaire de la doctrine du messianisme serait, sans contredit, éminemment utile.

Ensuite, dans l'Orient, il se pourrait que la tendance du gouvernement russe fût contraire, peut-être même diamétralement opposée, aux destinées providentielles des nations slaves. — Sans doute, nous n'avons aucune raison pour admettre cette supposition ; mais, en voyant le peu de disposition que montre ce gouvernement à laisser subsister l'individualité des distinctes nations slaves, par exemple, de la Pologne, individualité qui sera indispensable pour la future fédération morale de ces nations, formant l'objet principal de leurs destinées, nous pouvons supposer, du moins comme hypothèse, cette tendance anormale du gouvernement russe. Et cette hypothèse, peu probable sans doute, est éminemment grave, puisqu'elle rendrait précaire le susdit salut de l'humanité dans l'Orient. En effet, dans cette supposition, les destinées providentielles des nations slaves, desquelles dépend ce salut, se trouveraient perverties immanquablement. Et alors, si l'Occident poursuit sa funeste tendance actuelle, la ruine morale ou la perdition de l'humanité, ne pouvant être tempérée ni modifiée par la réalisation des destinées des nations slaves, serait infaillible. — Il importerait donc alors d'éclairer le gouvernement russe sur les dangers d'une telle tendance anormale; et rien autre qu'une exposition populaire de la doctrine du messianisme, qui ferait connaître le glorieux avenir impliqué dans les destinées des nations slaves, spécialement pour la Russie, ne saurait le faire avec plus d'efficacité.

Enfin, supposant le cas le moins probable, celui où, dans l'Occident, les nations civilisées poursuivraient leur funeste tendance actuelle, et où, dans l'Orient, le gouvernement russe suivrait une tendance diamétralement opposée aux destinées des nations slaves, cas dans lequel la perdition de l'humanité serait inévitable, et dans lequel néanmoins tout est possible, il faudrait de nouveau, pour satisfaire à la rationalité de la création, admettre une prévision providentielle pour rendre impossible cette inévitable perdition. Et cette prévision providentielle se trouve manifestement dans celles des nations slaves qui sont limitrophes, d'une part, de la Russie, et de l'autre, du monde civilisé, tels que sont les Polonais, les Czechs, les Slovaks, les Croates, etc., et peut-être les Grecs. En effet, placées entre l'Orient et l'Occident, ces nations limitrophes forment une transition entre les qualités prédominantes des peuples qui habitent ces extrémités de l'Europe; et par conséquent, on doit trouver que, chez ces nations intermédiaires, il n'est ni TROP TARD, comme dans l'Occident, ni TROP TÔT, comme dans l'Orient, pour reconnaître la vérité, surtout la vérité absolue. — Il serait donc de la plus haute importance de porter la lumière parmi ces nations limitrophes, non-seulement dans le cas peu probable que nous venons de supposer, mais dans tous les cas en général, en considérant que ces nations, en quelque sorte exceptionnelles, lorsqu'elles seront éclairées, formeront la garantie finale contre la perdition de l'humanité. Et à cette fin, une exposition populaire de la doctrine du messianisme, de cette doctrine qui découvre une telle vocation suprême chez ces nations exceptionnelles, serait certainement la mieux appropriée et par là même la plus puissante.

Par ces hautes considérations, jointes aux instances qu'on nous fait de produire actuellement une exposition populaire de la doctrine du messianisme, nous nous déterminons à le faire. Et considérant de plus que nous embrassons ainsi les intérêts intellectuels de l'Europe entière, nous le ferons sous le titre de *Conférences européennes*, et nous publierons ces Conférences par des livraisons successives, mais non périodiques, pour pouvoir donner progressivement des explications à toutes les difficultés qui nous seront présentées.

Il ne nous reste qu'à faire savoir quelles sont les CONDITIONS PRATIQUES que nous attribuons à cet écrit. Et pour cela, il suffira de déclarer que nous en excluons, de la manière la plus positive, non-seulement toute application pratique, mais même toute tendance pratique quelconque. Nous n'avons en vue que la seule production de la vérité, telle qu'elle s'établit par de purs principes spéculatifs et de pures conséquences spéculatives, hors de toute application ou tendance pratique. Tel est en effet le caractère pur et sacré de la vérité elle-même, indépendamment de toute utilité ou de toute réalisation quelconque. Et c'est ce caractère sacré que doivent respecter tous les écrivains, politiques et religieux, en s'abstenant de s'immiscer dans les affaires réelles, de l'État et de l'Église, lorsqu'ils n'y sont pas appelés par les autorités compétentes ou par les lois existantes.

En effet, de ce caractère purement spéculatif de la vérité, que tout homme a le droit de scruter, il résulte, pour la possibilité de l'ordre public, nécessaire même à la découverte de cette vérité, il résulte, disons-nous, deux lois fondamentales de sûreté qui, avant la découverte de la vérité sur la terre, sont obligatoires inconditionnellement, savoir : 1°. les gouvernements ont actuellement le droit, dans tous les cas, de donner, à l'exercice de leur action gouvernementale, telle forme qu'ils jugeront convenable ou nécessaire pour la conservation plénière de leur autorité; et 2°. les peuples ont actuellement l'obligation, dans tous les cas, non-seulement d'obéir à toutes les mesures gouvernementales, mais de plus de considérer ces mesures comme utiles, parce que les gouvernements peuvent seuls en concevoir la nécessité, lors même qu'elles paraissent contraires à des vérités déjà reconnues.

La déduction de ces deux lois de sûreté, qui s'établissent actuellement, dans notre critique période présente, où domine la lutte de l'humanité pour la recherche de la vérité, lutte qui se manifeste par des tendances révolutionnaires, se fonde évidemment sur les deux principes qui s'établissent dans cette critique période, savoir : 1°. sur le principe essentiel de ce que, avant la découverte de la vérité, l'ordre public, qui est nécessaire pour cette découverte, ne saurait subsister sans les deux lois exceptionnelles dont il s'agit; et 2°. sur le principe accessoire de ce que les gouvernants, même avant la découverte de la vérité, ne sauraient avoir, pour le bien de l'État, d'autres vues que celles qu'en ont les peuples, en observant d'ailleurs que les rares exceptions qui, à cet égard, pourraient se présenter, seraient moins dangereuses que l'absence des deux lois en question.

Pour mieux préciser cette déduction, il faut savoir que, dans la présente période historique de l'humanité, après avoir enfin reconnu que la vérité n'existait pas encore sur la terre, il s'établit une lutte active pour la recherche universelle de la vérité ; lutte où chaque homme a le droit, ou du moins croit avoir le droit de considérer et de produire ses opinions personnelles comme étant la vérité absolue. Il en résulte alors, d'abord, une confusion générale de toutes les idées de l'humanité, et ensuite, comme conséquence nécessaire, un désordre universel qui se manifeste par des tendances et finalement par des explosions révolutionnaires. — Or, dans ce désordre universel, l'objet même de ce désordre, c'est-à-dire, la découverte de la vérité, est évidemment impossible. Il faut donc, pour le salut de l'humanité, parer à cette impossibilité ; et l'unique moyen concevable de le faire consiste manifestement en ce que l'autorité, qui est chargée de maintenir l'ordre public, ait la faculté pleinière de faire tout ce qu'elle juge nécessaire pour ce maintien de l'ordre et principalement pour sa propre conservation. C'est ainsi que, par une nécessité morale et inévitable, s'établissent manifestement les deux lois dont il s'agit.

Il s'établit encore, et par les mêmes raisons, une troisième loi complémentaire, pour conserver l'ordre dans notre critique période présente ; loi qui n'est proprement qu'un corollaire des deux précédentes lois fondamentales. — Cette loi complémentaire consiste en ce que les peuples, de nationalité distincte, qui, par des voies diplomatiques quelconques, par la conquête ou par la soumission ou coalition volontaire, se trouvent soumis à des gouvernements d'une nationalité différente, doivent, suivant les deux lois fondamentales de sûreté, se comporter envers leurs gouvernements actuels comme si ces gouvernements avaient la même nationalité, en s'abstenant surtout de tout ce qui pourrait tendre à les soustraire à ces gouvernements actuels. Et cette loi complémentaire subsiste même dans le cas où, par quelque vocation providentielle, ces peuples de nationalité distincte, comme le sont aujourd'hui les peuples d'origine slave, se trouveraient appelés, pour la découverte et la propagation de la vérité, à former entre eux une nouvelle association morale, une UNION-ABSOLUE. En effet, cette nouvelle association morale, qui aurait pour objet de diriger intellectuellement l'humanité, par des voies purement spéculatives de la vérité, vers les fins absolues de l'homme sur la terre, comme être raisonnable, et qui compléterait ainsi les deux précédentes associations morales, l'ÉTAT et l'ÉGLISE, pourrait très-bien subsister avec la soumission politique de ces peuples à leurs actuels gouvernements respectifs, tout comme subsiste aujourd'hui leur association religieuse. Bien plus, ces gouvernements actuels ne manqueraient pas alors d'accorder à ces peuples la protection dont aurait besoin cette nouvelle association morale, qui, loin de nuire aux deux associations précédentes, à l'État et à l'Église, leur offrirait au contraire un appui efficace et une base inébranlable.

Pour donner une idée des objets qui seront traités dans cet ouvrage, nous allons produire, sous la forme de programmes, les problèmes principaux, scientifiques et philosophiques, qui y seront résolus. Et par les raisons que nous y alléguerons, nous ferons ici précéder le Programme de la Philosophie par le Programme des Sciences, en prévenant que les Sciences, en ce qui concerne leur réforme, seront traitées dans des Bulletins séparés, pour ne nous occuper, dans l'ouvrage présent, que des seules questions philosophiques, conformément à leur Programme spécial. — Voici donc ces deux Programmes dans l'ordre que nous venons d'indiquer.

PROGRAMME DES CONFÉRENCES
SCIENTIFIQUES.

Afin d'offrir, par anticipation, une garantie réelle de la réforme de la philosophie et de la solution de ses hauts problèmes, constituant les grands problèmes de l'humanité, tels qu'ils sont fixés dans le Programme suivant des Conférences philosophiques, nous ferons précéder ces dernières par les présentes Conférences scientifiques, en y répondant ainsi d'avance au 3e. problème philosophique, ayant pour objet la réforme et l'établissement définitif des sciences. Et pour procéder avec précision, nous nous bornerons à exposer la réforme de la plus grande des sciences, comme prototype de la réforme générale des sciences, nommément, la réforme des sciences mathématiques, dans leur partie pure, et dans leur partie appliquée aux trois grands problèmes du monde physique.

Chapître 1ᵉʳ. — *Partie pure* des Mathématiques ; réduction de toute l'Algorithmie aux *trois lois fondamentales* des sciences. = Réforme des Mathématiques.

§ I. — Loi suprême des Mathématiques. = Distinction qui en résulte en *Théorie* et en *Technie* des sciences.

Section I. — Technie des Mathématiques, formant les *Mathématiques modernes.*

A) Algorithmes techniques *élémentaires.* = Séries et Fractions continues.

B) Algorithmes techniques *systématiques.* = Interpolation.

Section II. — Théorie des Mathématiques.

A) Algorithmes théoriques *finis*, formant les *Mathématiques anciennes.*

B) Algorithmes théoriques *indéfinis*, formant l'*Avenir de la science.*

1º.) Méthode primordiale ; transition à cet Avenir de la science.

2º.) Méthode suprême ; accomplissement final de la science.

§ II. — Problème-universel des Mathématiques, et sa solution également universelle.

Section I. — Son application à la résolution générale des équations, *immanentes* de tous les degrés, et *transcendantes* de tous les ordres.

Section II. — Son application à l'intégration générale des équations, aux *différences* et aux *différentielles*, totales et partielles.

§ III. — Loi téléologique, pour fonder la vraie *Théorie des Nombres*, demeurée méconnue jusqu'à ce jour.

Section I. — Résolution des *congruences* de tous les degrés et de tous les ordres.

Section II. — Résolution des *équations indéterminées* de tous les degrés et de tous les ordres.

Chapître II. — *Partie appliquée* des Mathématiques. = Solution des trois grands problèmes du monde physique.

§ I. — Construction du *Monde* par les *Corps célestes.* = Réforme de la mécanique céleste.

Section I. — Dans notre *Système solaire.*

A) Nouvelle loi fondamentale, établie entièrement à priori, pour ôter à cette grande science son *caractère d'empirisme*, provenant des lois expérimentales de Keppler et de Newton.

B) Loi téléologique, pour en constituer une *science de l'ordre* à la place de la *science du désordre*, qu'elle forme actuellement par le calcul de *prétendues perturbations.*

C) Problème-universel, pour la solution définitive du fameux *problème des trois corps.*

Section II. — Dans le *Système universel* du monde (les Comètes, la Voie-lactée, et les Nébuleuses).

§. II. — Construction des *Corps célestes*, spécialement de la terre, par la *Matière*. = RÉFORME DE LA MÉCANIQUE TERRESTRE.

Section I. — *Erreurs actuelles* (Ellipsoïdes de Newton, de Huyghens, et de Clairaut).

Section II. — *Vérités nouvelles.*

A) *Structure extérieure* de notre globe.

a) La *Forme solide.*

b) La *Forme fluide.* = VRAIE THÉORIE DES MARÉES.

B) *Structure intérieure* de notre globe. = La densité centrale et la loi de la densité à toute profondeur.

§ III. — Construction de la *Matière* par ses *Forces créatrices.* = RÉFORME DE LA PHYSIQUE.

Section I. — *Conditions physiques* de cette construction.

A) *Constitution primitive* de la Matière, par ses deux éléments, *hyléïque* et *planétaire* — ÉTAT CALORIQUE de la Matière.

B) *Genèse ultérieure* de la Matière. = SES QUALITÉS PROGRESSIVES (chimiques, organiques, vitales, etc.).

Section II. — *Conditions mécaniques* de cette construction.

A) *Structure intérieure* (Gazéité, Liquidité, et Solidité).

B) *Relation extérieure.* = MOUVEMENT.

a) Nouvelles lois de l'*Hydrostatique* et de l'*Hydrodynamique.*

b) Nouvelles lois du *Mouvement spontané.* = RÉFORME DE LA LOCOMOTION.

Chapitre III. — *Philosophie des sciences.* = GENÈSE de leurs parties constituantes par la LOI DE CRÉATION.

Nota. — Toute manifestation du doute sur cette Réforme des sciences ne saurait raisonnablement être admise qu'autant qu'on pourrait produire, en même temps, la solution accomplie de tous les grands problèmes de ces sciences, telle que la présente Réforme donne réellement et rigoureusement cette solution accomplie.

PROGRAMME DES CONFÉRENCES
PHILOSOPHIQUES.

Après avoir présenté, dans la précédente réforme des sciences, et spécialement dans la solution accomplie de tous leurs grands problèmes, la garantie incontestable des nouvelles vérités philosophiques dont les principes absolus ont servi, et pouvaient seuls servir à concevoir et à opérer cette grande réforme des sciences, nous pouvons maintenant, avec sécurité, aborder l'exposition de ces vérités absolues. — Or, en vue de ces hautes vérités nouvelles qu'il s'agit ici de produire, nous ne saurions, avec plus de clarté et de précision, fixer leur Programme qu'en reproduisant les grands problèmes auxquels, dans le degré actuel de son développement progressif, l'humanité est arrivée aujourd'hui. Ces problèmes, que nous avons déjà posés et résolus dans notre *Réforme du Savoir humain*, se réduisent, dans leur application pratique, aux sept problèmes décisifs que voici.

1°.) Il faut, en prenant pour base le *principe absolu* du monde, fonder péremptoirement la VÉRITÉ sur la terre, en déduisant, de ce principe premier, le *Vrai absolu* et le *Bien absolu;* et il faut ainsi, et seulement ainsi, établir enfin la vraie PHILOSOPHIE, la philosophie absolue.

2°.) Il faut, suivant l'Écriture-Sainte, accomplir la RELIGION, en opérant la transition de la religion révélée à la religion absolue, de la foi à la certitude, nommément, du *christianisme* au *paraclétisme*, promis par le Christ.

3°.) Il faut, suivant des principes à priori, réformer et établir définitivement les SCIENCES, en découvrant la *loi de création*, et en introduisant ce procédé génétique dans toutes les branches du savoir humain.

4°.) Il faut, conformément aux lois augustes de la liberté de l'homme, expliquer l'HISTOIRE, dans le passé, dans le présent, et même dans l'avenir, en découvrant la vraie *loi du progrès*, et en subordonnant, à ce deuxième procédé génétique, tout le développement de l'humanité.

5°.) Il faut, pour faire cesser l'actuelle tourmente sociale des nations, découvrir le *but suprême des États*, et accomplir ainsi la POLITIQUE, afin de pouvoir diriger, d'après cette règle infaillible, les hautes prétentions morales et les justes prétentions physiques des peuples.

6°.) Il faut, par la spontanéité propre de la raison de l'homme, pour satisfaire à la *virtualité créatrice* de cette faculté suprême, fixer les BUTS OU FINS ABSOLUES de l'humanité, en deçà et au delà de la tombe, pour dévoiler les DESTINÉES FINALES de l'être raisonnable.

7°.) Enfin, il faut, en vue de ces destinées finales de l'homme, déterminer les DESTINÉES SPÉCIALES des différentes nations, nommément, les destinées respectives des principales nations de l'Europe, des nations romaines, germaniques, et slaves, pour les faire concourir à l'accomplissement final de la création et de l'existence des êtres raisonnables.

Voici de plus les problèmes accessoires, qui composent le premier grand problème philosophique présent, et qui forment les sept problèmes secondaires suivants :

I. — La vraie philosophie, nommément, la philosophie absolue, doit, avant tout, fonder et établir une CERTITUDE INCONDITIONNELLE chez l'homme ; certitude qui n'existe pas encore et sans laquelle il ne saurait y avoir, pour l'être raisonnable, aucune VÉRITÉ ABSOLUE.

II. — Elle, la vraie philosophie, doit, en conséquence, découvrir le PRINCIPE ABSOLU de l'univers ; principe duquel seul découle toute réalité, et par conséquent la certitude dans le savoir humain (Problème I).

III. — Elle, la vraie philosophie, doit de plus dévoiler la CRÉATION DE L'UNIVERS, dans son origine, dans ses progrès, et dans ses fins, en la déduisant tout entière du susdit principe absolu de toute réalité (Problème II).

IV. — Elle doit même, en se fondant toujours sur cet absolu et premier principe de toute réalité, démontrer positivement, d'une manière didactique et rigoureuse, la création propre, non-seulement de l'ÊTRE SUPRÊME, nommé DIEU, mais de plus de ce principe absolu lui-même, qui, sous le nom sacré de VERBE, et sous le nom profane d'ABSOLU, est en Dieu la source de sa réalité inconditionnelle.

V. — Elle doit ainsi, dans l'essence de l'acte de la création, découvrir la LOI que suit cette haute production spontanée de l'univers ; et elle doit par là dévoiler la LOI DE CRÉATION, cette loi auguste qui donne naissance à toute réalité quelconque, même à celle de Dieu.

VI. — Elle doit, par là même, c'est-à-dire, en connaissant la loi de création de toute réalité (Problème V), se trouver non-seulement au-dessus de l'ERREUR, dont elle doit signaler les sources et les abîmes, mais de plus au-dessus de la VÉRITÉ, qu'elle seule peut ainsi produire et établir définitivement dans le monde.

VII. — Elle, la vraie philosophie, la philosophie absolue, doit donc montrer que, hors de cette direction absolue de la loi de création, tout est TÉNÈBRES, ERREUR OU PERVERSION. Et elle doit conséquemment indiquer tous les précipices qui bordent ce chemin escarpé de la vérité. Elle doit surtout signaler ici l'abîme de notre héréditaire dépravation morale, c'est-à-dire, la fatale présence en nous de l'IDÉE ABSOLUE DU MAL; idée qui est la source immonde du MYSTICISME.

Nous pensons que tout homme raisonnable, qui aura examiné et approfondi ces derniers sept problèmes, desquels dépend l'établissement de la vérité sur la terre, c'est-à-dire, la solution du premier des précédents sept grands problèmes de l'humanité, comprendra qu'avant cette solution définitive, par la préalable solution des sept derniers problèmes, par laquelle la vérité sera enfin fondée et établie sur la terre, toutes opinions et surtout les assertions positives, concernant les précédents sept grands problèmes de l'humanité, ne sont, le-plus souvent, que de purs bavardages, et tout au plus, dans ce qui dépend des conditions morales de l'homme, des pressentiments providentiels de la vérité, que le Créateur a accordés à l'homme pour le guider dans sa haute et décisive recherche de la vérité absolue, recherche qui est le but de son existence sur la terre. — Nous ne pourrions donc pas raisonnablement admettre la manifestation de quelque doute ou de quelque critique concernant ces grands problèmes de l'humanité, si l'on ne prouve pas préalablement qu'on a résolu les sept derniers problèmes accessoires, qui seuls peuvent faire concevoir la vérité et peuvent ainsi donner le droit, sinon de prononcer, du moins d'émettre une opinion raisonnable sur ces grandes questions. Hors de là, nous le répétons, tout est ténèbres, erreur ou perversion; et les hommes auront maintenant, dans ces conditions absolues de la vérité (Problèmes I à VII), au moins le moyen de pouvoir, avec droit, repousser tous ces différents bavardages, opinions, erreurs et perversions qui forment l'actuelle confusion universelle des idées, ce caractère distinctif de notre époque.

Ainsi, il sera prouvé que la vérité n'est pas encore découverte sur la terre, et par conséquent que, dans la présente lutte des hommes pour cette découverte, les deux susdites lois de sûreté, qui fixent les obligations actuelles des gouvernements et des peuples, subsistent irréfragablement.

FIN.

Metz. — Typographie de CH. DIEU et V. MALINE, place Chappé, 1 bis.

OUVRAGES CONTENANT

LA PRÉSENTE RÉFORME DU SAVOIR HUMAIN.

Première classe. — OUVRAGES PHILOSOPHIQUES (contenant la réforme de la philosophie) :

I. — OUVRAGES MESSIANIQUES (proprement dits).

1. — Prodrome du Messianisme ; Révélation des destinées de l'humanité (septembre 1831).
2. — Métapolitique messianique, ou Philosophie absolue de la Politique (mai 1839 à juin 1840).
3. — Prospectus du Messianisme (mai 1831).
4. — Bulletins messianiques (mai 1832).
5. — Tableau de la Philosophie de l'Histoire (juillet 1840).
6. — Tableau de la Philosophie de la Politique (juillet 1840).
7. — Secret politique de Napoléon, comme base de l'avenir moral du monde (juin 1840).
8. — Le Faux Napoléonisme, comme interprétation funeste des Idées napoléoniennes (août 1840).
9. — Le Destin de la France, de l'Allemagne et de la Russie, comme Prolégomènes du Messianisme (août, de 1842 à 1843).
10. — Réforme de la Philosophie, formant le tome II de la Réforme du Savoir humain (avril 1848).
11. — Adresse aux Nations slaves, sur les destinées du monde (août 1847).
12. — Adresse aux Nations civilisées, sur leur sinistre désordre révolutionnaire (septembre 1848).
13. — Épître à S. A. le prince Czartoryski, sur les destinées de la Pologne et généralement sur les destinées des Nations slaves (novembre 1848).
14. — Supplément à cette Épître, pour servir d'Avis aux deux classes scientifiques de l'Institut de France (décembre 1848).
15. — Dernier Appel aux hommes supérieurs de tous les pays, et Appel spécial au gouvernement français (mars 1849).
16. — Les Cent Pages décisives, pour S. M. l'Empereur de Russie, avec leur Supplément séparé, pour la dynastie de Napoléon (août 1850).
17. — Épître à S. M. l'Empereur de Russie, offrant l'explication définitive de l'Univers, physique et moral (février 1851).
18. — Épître secrète à S. A. le Prince Louis-Napoléon, Président de la République française (mai 1851).
19. — Document historique (secret) sur la révélation des destinées du monde (juin 1851).

II. — OUVRAGES PRÉPARATOIRES.

1. — Philosophie critique, fondée sur le *premier principe* du savoir humain (Marseille en l'an XI, 1803).
2. — Introduction au Sphinx (mars 1818).

3. — Numéros 1 et 2 du Sphinx (décembre 1818 et février 1819).

4. — Problème fondamental de la politique moderne (mars 1829).

Seconde classe. — OUVRAGES SCIENTIFIQUES (contenant la réforme des mathématiques, comme prototype de la réforme générale des sciences, et offrant ainsi la garantie scientifique de la doctrine du Messianisme) :

1. — Philosophie des Mathématiques (1811).

2. — Résolution générale des Équations [principes premiers] (1812).

3. — Réfutation de la théorie des fonctions analytiques de Lagrange (1812).

4. — Philosophie de l'Infini (1814).

5. — Philosophie de la Technie algorithmique ; première section, contenant la Loi suprême des Mathématiques (1815).

6. — *Idem*; seconde section, contenant les lois des Séries, comme préparation à la Réforme des Mathématiques (1816 et 1817).

7. — Critique de la Théorie des fonctions génératrices de Laplace, contenant, pour le cas fondamental, l'intégration générale des équations aux différences et aux différentielles, totales et partielles, de tous les ordres (1819).

8. — Introduction à un Cours de Mathématiques (en anglais) offrant un aperçu de la présente Réforme des Mathématiques (Londres, 1821).

9. — Canons de Logarithmes, où est donnée la solution de l'équation du cinquième degré (1827).

10. — Machines à Vapeur (1829).

11. — Loi téléologique du Hasard, comme base de la réforme du calcul des probabilités (1833).

12. — Nouveau Système de Machines à Vapeur, contenant les nouvelles lois de la Physique (1834 et 1835).

13. — Réforme des Mathématiques, formant le tome I de la Réforme du Savoir humain (août 1847).

14. — Résolution générale et définitive des Équations algébriques de tous les degrés, formant le tome III de la Réforme du Savoir humain (mai 1848).

15. — Accomplissement de la Réforme de la Mécanique céleste, donnant les lois de la construction générale de l'Univers entier [dans l'Épître à S. M. l'Empereur de Russie] (février 1851).

16. — Supplément à cette Épître, concernant la nouvelle science nautique des Marées.

Nota. — A l'exception des cinq derniers, ces ouvrages, constituant la garantie scientifique de notre philosophie absolue ou de la doctrine du Messianisme, n'existent plus. — Ils ont été détruits en France.